BEI GRIN MACHT SICH IHR WISSEN BEZAHLT

- Wir veröffentlichen Ihre Hausarbeit,
  Bachelor- und Masterarbeit

- Ihr eigenes eBook und Buch -
  weltweit in allen wichtigen Shops

- Verdienen Sie an jedem Verkauf

Jetzt bei www.GRIN.com hochladen und kostenlos publizieren

GRIN

Bibliografische Information der Deutschen Nationalbibliothek:

Die Deutsche Bibliothek verzeichnet diese Publikation in der Deutschen National-bibliografie; detaillierte bibliografische Daten sind im Internet über http://dnb.d-nb.de/ abrufbar.

Impressum:

Copyright © 2014 GRIN Verlag, Open Publishing GmbH
Druck und Bindung: Books on Demand GmbH, Norderstedt Germany
ISBN: 9783668189713

Dieses Buch bei GRIN:

http://www.grin.com/de/e-book/319622/quizduell-wie-gross-ist-die-summe-der-innenwinkel-in-einem-dreieck-richtig

Jennifer Raab

„Quizduell! Wie groß ist die Summe der Innenwinkel in einem Dreieck? Richtig ist Antwort ..., weil..." (Mathematik, Klasse 7)

Eine Vermutung für die Richtigkeit einer mathematischen Aussage entwickeln, überprüfen und anschaulich begründen

GRIN Verlag

GRIN - Your knowledge has value

Der GRIN Verlag publiziert seit 1998 wissenschaftliche Arbeiten von Studenten, Hochschullehrern und anderen Akademikern als eBook und gedrucktes Buch. Die Verlagswebsite www.grin.com ist die ideale Plattform zur Veröffentlichung von Hausarbeiten, Abschlussarbeiten, wissenschaftlichen Aufsätzen, Dissertationen und Fachbüchern.

Besuchen Sie uns im Internet:

http://www.grin.com/

http://www.facebook.com/grincom

http://www.twitter.com/grin_com

Unterrichtsvorbereitung

Zweite Staatsprüfung im Fach Mathematik

Thema der Unterrichtseinheit:
Die Eigenschaften von Dreiecken entdecken

Thema der Unterrichtsstunde:
„Quizduell! – Wie groß ist die Summe der Innenwinkel in einem Dreieck?
Richtig ist Antwort …, weil…"-
Eine Vermutung für die Richtigkeit einer allgemeinen mathematischen Aussage
entwickeln, überprüfen und die Aussage anschaulich begründen

Inhaltsverzeichnis

1. Stellung der Stunde in der Unterrichtseinheit

Datum/ Stunde	Thema der Stunde/n	Angestrebter Kompetenzzuwachs Die Lernenden erweitern ihre Kompetenz …	Prozess-modell
09.05.14 1.Std	*„Was weiß ich bereits über Dreiecke?"*- Vorwissen aktivieren	*…mathematisch zu kommunizieren*, indem sie mithilfe der Placemat-Methode ihr Vorwissen zu Dreiecken aktivieren, ihre Überlegungen formulieren, miteinander vergleichen und ein gemeinsames Ergebnis präsentieren.	Lernen initiieren und vorbereiten
12.05.14 2.Std	*„Wir ordnen Dreiecke nach ihren Eigenschaften"*- Dreiecke herstellen und klassifizieren	*…mathematisch zu kommunizieren* und *zu argumentieren*, indem sie aus Strohhalmstücken möglichst verschiedene Dreiecke herstellen, diese miteinander vergleichen und hinsichtlich ihrer Eigenschaften begründet klassifizieren. Sie präsentieren ihre Vorgehensweise und Ergebnisse.	Lernwege eröffnen und gestalten
14.05./ 16.05.14 3./4.Std	*„Wir untersuchen Winkel und Seiten im Dreieck"*- Dreiecke klassifizieren	*…mathematisch zu kommunizieren* und *zu argumentieren*, indem sie Winkelgrößen und Seitenlängen in Dreiecken messen, Zusammenhänge entdecken und die Dreiecke begründet aufgrund ihrer Winkelarten einteilen.	
16.05.14 5.Std	*„Besondere Dreiecke"*- Gleichschenklige und gleichseitige Dreiecke	*…mathematische Darstellungen zu verwenden*, indem sie gleichschenklige und gleichseitige Dreiecke hinsichtlich Eigenschaften und Symmetrieachsen untersuchen und miteinander vergleichen.	
19.05.14 6.Std	*„Was kann ich schon?"*- Partnerdiagnosebogen	*…personale Kompetenz*, indem sie ihr bisheriges Wissen zu Dreiecken mithilfe eines Partnerdiagnosebogens überprüfen und sich über ihre Ergebnisse austauschen.	Orientierung geben und erhalten
22.05.14 7.Std	**„Wir begründen die Innenwinkelsumme "- Experimente durchführen und begründen**	**…mathematisch zu argumentieren, indem sie eine begründete Vermutung zur Größe der Innenwinkelsumme im Dreieck entwickeln, ohne zu messen an mehreren verschiedenen Dreiecken veranschaulichen und ihre Ergebnisse benutzen, um damit eine erste Begründung für die Allgemeingültigkeit ihrer Vermutung zu formulieren. Sie präsentieren ihre Vorgehensweise und Ergebnisse.**	Kompetenzen stärken und erweitern
23.05.14 8.Std	*„Wir nutzen die Innenwinkelsumme"*- Fehlende Winkel berechnen	*…mit symbolischen, formalen und technischen Elementen der Mathematik umzugehen*, indem sie fehlende Winkel in Dreiecken berechnen, unter anderem bei gleichschenkligen und gleichseitigen Dreiecken.	
26.05.14 9.Std	*„Mögliche und unmögliche Dreiecke"*- Dreiecke zeichnen	*…mathematisch zu argumentieren*, indem sie Dreiecke nach bestimmten Vorgaben zeichnen und begründen, warum manche Dreiecke nicht möglich sind.	
28.05.14 10.Std	*„Wir zeichnen Dreiecke mithilfe von GeoGebra"*- Dreiecke verändern und untersuchen	*…mit symbolischen, formalen und technischen Elementen der Mathematik umzugehen*, indem sie eine dynamische Geometriesoftware einsetzen, um Dreiecke nach bestimmten Vorgaben zu zeichnen, zu verändern und vorgegebene Aussagen zu überprüfen.	
02.06.- 06.06.14 10.- 13.Std	*„Besondere Linien im Dreieck"*- Weitere Eigenschaften von Dreiecken	*…mathematisch zu kommunizieren*, indem sie die Seitenhalbierenden, Mittelsenkrechten, Winkelhalbierenden und Höhen im Dreieck einzeichnen, die jeweiligen Eigenschaften entdecken und ihre Überlegungen präsentieren.	
11.06./ 13.06.14 14./ 15.Std	*„Besondere Linien im Dreieck"*- Anwendungen im Alltag	*…mathematisch zu modellieren*, indem sie realitätsbezogene Aufgaben mithilfe der Eigenschaften besonderer Linien im Dreieck lösen und ihre Vorgehensweise und Lösung präsentieren.	
16.06./ 18.06.14 16./ 17.Std	*„Wir überprüfen unser Wissen"*- Selbstdiagnose	*…Personale Kompetenz*, indem sie mithilfe eines Selbstdiagnosebogens ihr Wissen überprüfen, reflektieren und für das eigenständige Üben nutzen.	Lernen bilanzieren und reflektieren

2

2. Lernvoraussetzungen

2.1 Allgemeine Lernvoraussetzungen

Die heutige Stunde findet in einem Mathematik-7-B-Kurs statt. Diese Lerngruppe setzt sich aus sechzehn Schülerinnen und dreizehn Schülern zusammen. Diese stammen aus drei Klassen, siebzehn aus der Klasse 7, sieben aus der Klasse 7 und fünf aus der Klasse 7. Ich unterrichte die Lerngruppe eigenverantwortlich seit Beginn des Schuljahres in vier Stunden Mathematik pro Woche. Im vorherigen sechsten Schuljahr wurde Mathematik im Klassenverband unterrichtet, sodass nun erstmalig Kurse zusammengesetzt wurden. Die Lerngruppe ist somit sehr heterogen. Zu Beginn des zweiten Schulhalbjahres kamen außerdem S. aus dem A-Kurs und M. aus dem C-Kurs hinzu. Das Verhältnis zwischen der Lerngruppe und mir schätze ich als positiv ein. Die Lernenden sind mir gegenüber freundlich und aufgeschlossen. Ich fühle mich als Lehrperson akzeptiert und angenommen.

Leistungsstärkere Schülerinnen und Schüler sind (...). Sie beteiligen sich häufig am Unterricht und sind am Fach Mathematik sehr interessiert. Allgemein ist die Lerngruppe in ihrer mündlichen Beteiligung jedoch häufig noch sehr zurückhaltend. Sehr ruhig sind unter anderem (...).

Leistungsschwächere Schülerinnen und Schüler sind (...). Sie benötigen häufiger Hilfestellungen beim Bearbeiten von Aufgaben und weisen oft Schwächen bei grundlegenden mathematischen Berechnungen auf. Sie profitieren vor allem von Partner- und Gruppenarbeitsphasen, in denen sie sich mit anderen austauschen können.

J. hat besondere Schwierigkeiten im Bereich des Lesens und Schreibens und eine leichte Sehschwäche. Gemeinsam mit seiner Mutter wurde daher die Absprache getroffen, ihm, nach Möglichkeit, Arbeitsblätter in einer größeren Schriftgröße zur Verfügung zu stellen. Auch J. hat einen Sehfehler, weshalb er gelegentlich doppelt sieht.

Allgemein fällt in der Lerngruppe auf, dass einige der Lernenden die Hausaufgaben nicht oder nur teilweise erledigen sowie häufig unvollständiges Material dabei haben. Durch ihr Arbeits- und Sozialverhalten fallen vor allem (...). Sie halten sich häufig nicht an vereinbarte Regeln und stören den Unterricht durch unpassende Zwischenrufe. In Einzel- oder Gruppenarbeitsphasen sind sie oft unkonzentriert und beschäftigen sich mit anderen Tätigkeiten, sodass sie durch individuelle Hinweise zum Arbeiten motiviert werden müssen.

2.2 Institutionelle Lernvoraussetzungen

Bei der Gesamtschule ... handelt es sich um eine integrierte Gesamtschule. Im Fach Mathematik findet ab dem siebten Jahrgang eine Differenzierung in A-, B- und C-Kurse statt. Bei dieser Lerngruppe handelt es sich um einen B-Kurs, was dem Realschulniveau entspricht.

Die heutige Unterrichtsstunde findet im Klassenraum der 7 statt. Zur Ausstattung des Raumes gehören eine Tafel und ein Overheadprojektor. Die Lernenden sitzen an Gruppentischen.

2.3 Spezielle Lernvoraussetzungen

In dieser Unterrichtseinheit haben die Lernenden bereits ihr Vorwissen zu Dreiecken aktiviert, besondere Dreiecke und ihre Eigenschaften entdeckt und Winkel wiederholt. Sie bekamen auch bereits die Möglichkeit sich zu zweit oder in Kleingruppen auszutauschen und erste Begründungen mündlich und schriftlich zu formulieren. Dabei fiel vor allem auf, dass die Lerngruppe noch sehr unsicher beim Formulieren mathematischer Begründungen ist. Mündlich können sie sich beispielsweise bereits darüber austauschen, warum ein Dreieck einer bestimmten Art zugeordnet werden kann, ihnen fällt es jedoch noch schwer, dies auch schriftlich zu formulieren.

Allgemein zeigt sich die Lerngruppe bisher interessiert am Geometrieunterricht. Bezüglich des Zeichnens und Messens gibt es einzelne Lernende, die etwas langsamer sind. (…) haben Schwierigkeiten in ihren motorischen Fähigkeiten, sodass es ihnen etwas schwer fällt, mit Geodreieck und Zirkel umzugehen. Auch (…) haben leichte Schwierigkeiten beim Zeichnen aufgrund ihrer Sehschwäche.

Der Lerngruppe steht noch kein Taschenrechner zur Verfügung. Daher müssen die Lernenden die Berechnungen zu Beginn der Stunde schriftlich, wenn möglich im Kopf, durchführen.

Einen *stummen Impuls* zu Beginn der Unterrichtsstunde habe ich mit der Lerngruppe schon häufiger durchgeführt. Ihnen ist diese Methode demnach bekannt. Erfahrungsgemäß kann es einen Augenblick dauern, bis die ersten Meldungen kommen.

Mit einem Partner oder in einer Gruppe haben die Lernenden schon häufiger gearbeitet. Zur Gruppenarbeit wurden zu Beginn der Einheit gemeinsam Regeln gesammelt und besprochen. Der Lerngruppe fällt es dabei noch etwas schwer, gemeinsame Ergebnisse zu formulieren und ihre Vorgehensweise zu präsentieren, weshalb dies noch weiterhin geübt werden muss.

3. Sachanalyse

Beweise spielen in der Mathematik eine grundlegende Rolle, so spricht man auch von der beweisenden Wissenschaft schlechthin. Ein Beweis ist allgemein eine schlüssige Argumentation für eine bestimmte Aussage und somit eine Begründung derselben.[1] Was jedoch genau als Beweis zählt, lässt sich nicht leicht beantworten, da die Schlüssigkeit einer Argumentation immer auch eine Wertungsfrage ist. Es existieren keine absoluten Kriterien, wann es sich um einen Beweis handelt. Vielmehr sind Beweise stets kultur- und zeitabhängig.[2]

Da der Begriff „Beweisen" sehr formal und mit der Strenge der Schlussfolgerung verbunden ist, wird häufig der breitere Begriff „Begründen" verwendet, wenn auch andere Begründungsformen mitgedacht sind. De Villiers benennt fünf zentrale Funktionen des Begründens: überzeugen, erklären, kommunizieren, entdecken und Zusammenhänge herstellen.[3]

Holland unterscheidet zwischen drei Niveaustufen des Beweisens: Die *Stufe des Argumentierens, die Stufe des inhaltlichen Schließens* und *die Stufe des formalen Schließens.*[4] Diese Unterrichtsstunde befindet sich auf der *Stufe des Argumentierens,* bei der das Beweisen auf ein „Aha-Erlebnis" abzielt, welches die gewonnene Einsicht veranschaulicht. Kriterien eines strengen Beweises müssen hier nicht erfüllt sein, da es eher darum geht, Möglichkeiten der

[1] Hefedehl-Hebeker, Lisa/ Hußmann, Stephan: Beweisen - Argumentieren. S.95f.
[2] Weigand, Hans-Georg et al.: Didaktik der Geometrie für die Sekundarstufe I. S.36.
[3] Meyer, Michael/ Prediger, Susanne: Warum? Argumentieren, Begründen, Beweisen. S.3.
[4] Holland, Gerhard: Geometrie in der Sekundarstufe. S.131.

Veranschaulichung zu suchen, um auch schwächeren Lernenden dieses „Aha-Erlebnis" ermöglichen zu können. Charakteristisch sind hier mündliche Argumentationen, Bezüge zu einer Beweisfigur und das Verwenden von anschaulichen Hilfsmitteln.[5]

Eine besondere Form von Beweisen sind *inhaltlich-anschauliche Beweise*. Ihnen liegt der Ansatz zugrunde, dass mathematisches Wissen in verschiedenen Darstellungen repräsentiert werden kann: „nicht nur symbolisch, sondern auch enaktiv (in Form von Handlungen mit konkretem Material) und ikonisch (unter Rückgriff auf Zeichnungen und Modelle)". Inhaltlich-anschauliche Beweise arbeiten zwar mit einem Beispiel, dieses lässt jedoch eine Übertragbarkeit auf jeden anderen Fall und somit eine Verallgemeinerbarkeit erkennen.[6]

In dieser Unterrichtsstunde können die Lernenden enaktiv an unterschiedlichen Dreiecken die Innenwinkelsumme im Dreieck veranschaulichen und Begründungen (Messen der Winkel in einem Dreieck, messunabhängige Darstellung mit verschiedenen Dreiecken) hinsichtlich ihrer Aussagekraft reflektieren. Grundlage ist der Satz über die Innenwinkelsumme im Dreieck, welcher lautet:

„In jedem Dreieck beträgt die Summe der Innenwinkel stets 180°."[7]

Grundlage für die folgenden Versuche ist folgender axiomatischer Beweis[8]:   **Abb.1**

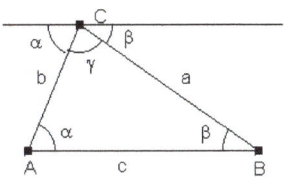

Es wird eine Parallele zur Dreiecksseite c gezeichnet und mithilfe der Wechselwinkel ein gestreckter Winkel erzeugt. Zugrunde liegt hier eine axiomatische Beweisführung, indem sich aus dem Parallelenaxiom („Zu jeder Geraden gibt es durch jeden Punkt genau eine Parallele"[9]) und dem Satz vom Wechselwinkel („Wechselwinkel an geschnittenen Parallelen sind gleich groß"[10]) die Ergänzung der Winkel im Dreieck zu einem gestreckten Winkel ergibt, also gilt: $\alpha + \beta + \gamma = 180°$.[11]

Da den Lernenden die Winkelsätze noch nicht bekannt sind, werden ihnen in dieser Stunde als Vorstufe des axiomatischen Beweises verschiedene Möglichkeiten angeboten, den Zusammenhang zwischen Winkelsumme und einer Geraden als Darstellung eines 180° großen Winkels zu entdecken:

1. Aneinanderlegen von kongruenten Dreiecken: **Abb.2**

Indem bei kongruenten Dreiecken gleiche Winkel in der gleichen Farbe eingefärbt und die Dreiecke so aneinander gelegt werden sollen, dass drei verschiedene Winkel nebeneinander liegen, werden die Dreiecke „parkettiert".[12] Dabei ergänzen sich die drei Winkel zu einem gestreckten Winkel, der 180° beträgt.

Abb.3

2. Eckenabreißen:

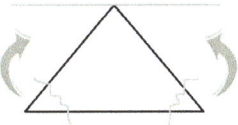

Bei diesem Vorgehen werden von einem beliebigen Dreieck zwei Ecken abgerissen und so an die dritte Ecke gelegt, dass eine Gerade entsteht. So wird ein gestreckter Winkel gebildet.

---

[5] Holland, Gerhard: Geometrie in der Sekundarstufe. S.132.
[6] Weigand, Hans-Georg et al.: Didaktik der Geometrie für die Sekundarstufe I. S.50f.
[7] Krauter, Siegfried: Erlebnis Elementargeometrie. S.61.
[8] *Ein axiomatischer Beweis basiert auf Axiomen, also für richtig anerkannte Regeln in der Mathematik.*
[9] Müller-Philipp, Susanne/ Gorski, Hans-Joachim: Leitfaden Geometrie. S.73.
[10] Ebd. S.156.
[11] Ebd. S.236.
[12] Holland, Gerhard: Geometrie in der Sekundarstufe. S.132.

3. Falten: Abb.4

Das Dreieck wird so gefaltet, dass die drei Ecken auf einer Seite des
Dreiecks liegen. So entsteht ein gestreckter Winkel.[13]

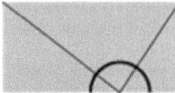

4. Didaktische Überlegungen

In den Bildungsstandards und Inhaltsfeldern für den Mittleren Schulabschluss beinhaltet der
Kompetenzbereich „Argumentieren" unter anderem folgende Aspekte: Die Schülerinnen und
Schüler „stellen Fragen nach Verallgemeinerung und Spezifikation mathematischer Sachverhalte und prüfen diese auf Korrektheit", „vollziehen mathematische Argumentationen nach,
bewerten sie und begründen sachgerecht".[14] In den Lernzeitbezogenen Kompetenzerwartun-
gen am Ende der Jahrgangsstufe 8 wird außerdem folgender Aspekt benannt: „begründen
mathematische Sachverhalte, Regeln und Rechenverfahren und überprüfen diese".[15]

Innerhalb der Schwerpunktsetzungen in den Inhaltsfeldern in Jahrgangsstufe 7/8 wird im
Inhaltsfeld „Raum und Form" der Teilbereich „Ebene Figuren" benannt, zu welchem unter
anderem „Grundfiguren" zählen. Zum Inhaltsfeld „Größen und Messen" gehört der „Umgang
mit Größen", zu dem der „Winkelsummensatz" zählt.[16]

In dieser Unterrichtseinheit beschäftigen sich die Lernenden mit den Eigenschaften des Dreiecks, der wichtigsten Figur der ebenen Geometrie, da sich alle Vielecke (Polygone) aus Dreiecken aufbauen bzw. in solche zerlegen lassen.[17] Diese Unterrichtsstunde dient vor allem
dem „Erkunden, Entdecken, Erfinden", da die Lernenden zum eigenständigen Erkunden und
individuellen Entdecken angeregt werden sollen. Dabei werden sie zum Denken aktiviert und
Kommunikations- und Kooperationsprozessen angestoßen.[18] Durch mathematische Ent-
deckungen und das Aufstellen von Vermutungen kann außerdem das Beweisbedürfnis der
Lernenden geweckt werden.[19]

Vor allem die Geometrie bietet sich an, um Fähigkeiten des Argumentierens zu schulen, da
Behauptungen oder Aussagen durch Schlussfolgerungen nachvollzogen werden können. Sie
gilt daher „als ein besonders geeignetes Übungsfeld für das Erlernen des Argumentierens,
Begründens und Beweisens".[20] Beweise dienen zum einen der Sicherung mathematischen
Wissens, zum anderen jedoch auch dem Verstehen von mathematischen Aussagen.[21]

Das Argumentieren spielt auch in anderen Fächern eine Rolle, so wird die Kompetenz in
Deutsch häufiger geschult, vor allem bei der schriftlichen Stellungnahme und der klassi-
schen Erörterung. Auch in den Fächern Physik und Chemie spielt das Aufstellen und Überprüfen von Hypothesen eine Rolle. Ein anspruchsvolles Bildungsziel ist, die Lernenden zum
kritischen Umgang mit Argumentationen zu befähigen, zu welchem der Mathematikunterricht
beitragen kann. So ist eine Auseinandersetzung mit der Zulässigkeit von Argumenten ein
wichtiger Beitrag zur Allgemeinbildung.[22] Begründungen und Argumentationen kennen die
Lernenden außerdem aus ihrem alltäglichen Umfeld, zum Beispiel im Umgang mit ihren
Eltern und Freunden, indem sie sie von ihren Wünschen, Ideen und Vorstellungen zu überzeugen versuchen.

---

[13] *Dabei ist darauf zu achten, dass die Ecken auf die längste Seite des Dreiecks gefaltet werden müssen.*
[14] Hessisches Kultusministerium: Bildungsstandards und Inhaltsfelder. S.17.
[15] Ebd. S.24.
[16] Ebd. S.27f.
[17] Krauter, Siegfried: Erlebnis Elementargeometrie. S.61.
[18] Blum, Werner et al.: Bildungsstandards Mathematik: konkret. S.88.
[19] Meyer, Michael/ Voigt, Jörg: Beweisen durch Entdecken. S.14.
[20] Weigand, Hans-Georg et al.: Didaktik der Geometrie für die Sekundarstufe I. S.22.
[21] Ebd. S.37f.
[22] Bruder, Regina/ Pinkernell, Guido: Die richtigen Argumente finden. S.2.

Da es sich bei den Versuchen der Lernenden nicht um Beweise im strengen Sinn handelt (siehe Sachanalyse), soll hier ein zunehmendes Erkennen der Allgemeingültigkeit von Argumenten geschult werden. Eine eher umgangssprachliche Darstellung dient dabei als Basis für die spätere Verwendung der Fachsprache bei formalen Beweisen.[23]

Eine *Differenzierung* findet hinsichtlich der verschiedenen Aufgabenstellungen statt. So geben die Arbeitsblätter beim Eckenabreißen und Falten bereits die Gerade vor, welche beim Aneinanderlegen kongruenter Dreiecke entdeckt werden muss. Die *Hilfekarten* können den Gruppen dabei helfen, die Versuche richtig durchzuführen und geben außerdem weitere Hinweis, um sie beim Begründen zu unterstützen. Außerdem findet bietet die Aufgabenstellung allgemein eine Selbstdifferenzierung, da der Anspruch des Argumentierens von den Begründungen der Lernenden abhängt. (*Siehe Anhang 9.3*)

Eine *didaktische Reduktion* wurde hinsichtlich der Auswahl der Versuche vorgenommen, da die Gruppen keine formalen Beweise, sondern eher anschauliche Begründungen, entwickeln sollen. Die Begründungen stellen somit eine Vorstufe zum Beweisen dar und sollen vor allem die Fähigkeit des Argumentierens schulen.

5. Methodische Überlegungen

Zu Beginn der Unterrichtsstunde dient der *stumme Impuls* dazu, dass die Lerngruppe neben dem Beschreiben der Situation auch erste Vermutungen äußern kann. Der Comic mit dem Bezug zur App „Quizduell" soll vor allem das Interesse der Lernenden wecken und die Auseinandersetzung mit der Problemstellung initiieren. Dabei soll die Motivation zur Durchführung der Versuche gefördert werden.

Bevor die Lernenden die Versuche durchführen, werden sie aufgefordert zu zweit ein Beispieldreieck zu zeichnen und auszumessen. Indem die Ergebnisse im Plenum verglichen werden, sollen die Lernenden die Annäherung an eine Allgemeingültigkeit erkennen und gleichzeitig reflektieren, ob dies als Begründung ausreichen kann.

> „Um allgemeine Behauptungen zu generieren und einsichtig zu machen, ist die Arbeit an Beispielen unabdingbar. Beispiele helfen, den Gültigkeitsbereich eines mathematischen Satzes auszuloten und Vertrauen in einen mathematischen Satz gewinnen."[24]

In dieser Unterrichtsstunde sollen die Lernenden zunächst zu zweit den Versuch durchführen und sich danach in Vierergruppen austauschen. Jede der sieben Tischgruppen beschäftigt sich jeweils mit einem der drei verschiedenen Versuche. Somit werden zwei Versuche jeweils von zwei Gruppen und ein Versuch von drei Gruppen durchgeführt.

Die *Partnerarbeit* dient dazu, dass sich die beiden Lernenden intensiv mit dem Versuch auseinandersetzen, sich über ihre Ideen austauschen und dabei bereits erste mündliche Argumentationen formulieren. Partnerarbeit ist allgemein eine wichtige Vorbereitung auf dem Weg zur Teamfähigkeit und geeignet um eine anschließende Gruppenarbeit vorzubereiten, da die Partner oft konzentrierter arbeiten als in der Gruppe.[25]

In der anschließenden *Gruppenarbeit* sollen sich die beiden Partnergruppen über ihre Beobachtungen austauschen, ein gemeinsames Ergebnis formulieren und die Präsentation vorbereiten. Durch Gruppenarbeit werden vor allem die *Sozialkompetenz* sowie die *Kompetenz des Kommunizierens* der Lerngruppe gefördert.[26]

---

[23] Krumsdorf, Julian: Beweisen am Beispiel. S.9.
[24] Meyer, Michael/ Prediger, Susanne: Warum? Argumentieren, Begründen, Beweisen. S.5.
[25] Mattes, Wolfgang: Methoden für den Unterricht. S.48.
[26] Barzel, Bärbel/ Büchter, Andreas/ Leuders, Timo: Mathematik Methodik. S.84.

Die Tischgruppen wurden im Vorfeld von mir so eingeteilt, dass möglichst heterogene Partner- und Gruppenzusammensetzungen entstehen. Die *heterogenen Gruppen* bieten sich an, da die einzelnen Versuche vom Anspruch des Argumentierens etwa gleich sind und leistungsstärkere Lernende andere unterstützen können.

Alternativ hätte man in dieser Unterrichtsstunde auch die Methode des *Think-Pair-Share* verwenden können. Ich habe mich jedoch dagegen entschieden, da beim Durchführen der Versuche vor allem das Kommunizieren wichtig ist und das mündliche Gespräch über den Versuch das Formulieren der Beobachtungen erleichtert.

Drei Gruppen stellen ihre Ergebnisse mithilfe vorstrukturierter Folien vor. Diese sollen die Gruppen vor allem bei der Veranschaulichung ihrer Ergebnisse unterstützen. Die Abbildungen auf den Folien erleichtern den anderen Gruppen außerdem das Verständnis.

6. Angestrebter Kompetenzzuwachs

Die Lernenden erweitern ihre Kompetenz *mathematisch zu argumentieren*, indem sie eine begründete Vermutung zur Größe der Innenwinkelsumme im Dreieck entwickeln, ohne zu messen an mehreren verschiedenen Dreiecken veranschaulichen und ihre Ergebnisse benutzen, um damit eine erste Begründung für die Allgemeingültigkeit ihrer Vermutung zu formulieren. Sie präsentieren ihre Vorgehensweise und Ergebnisse.

7. Verlaufsplan

Zeit	Phase/Inhalt	Methode/ Sozialform	Medien
09:50Uhr- 09:52Uhr	Begrüßung und Vorstellen der Gäste	LiV-Vortrag	
09:52Uhr- 10:00Uhr	**Einstieg/ Motivation:**		
	Den Lernenden wird der Comic an der Tafel präsentiert. LiV wartet auf Äußerungen der Lerngruppe.	Stummer Impuls	Plakat, Tafel
	Mögliche Schüleräußerungen: - „Tim und Sarah spielen Quizduell.", - „Es wird nach der Summe der Innenwinkel im Dreieck gefragt." - „Sarah sagt, es können nicht 360° sein." - „Tim sagt, es können nicht 90° sein." - „Es bleiben noch 180° und 270° übrig." - „Ich glaube es sind 180° (270°)" - „360° hat ein Viereck/ Rechteck" - „ein rechtwinkliges Dreieck muss mehr als 90° haben" - ...	Schüler-äußerungen	
	Ggf.: „Was meint ihr, warum Sarah und Tim die beiden Antwortmöglichkeiten ausschließen?"	LiV-Impuls	
	„Es gibt noch zwei Möglichkeiten. Wie könnte es jetzt weiter gehen?"	LiV-Impuls	
	Mögliche Schüleräußerungen: - „Wir sollen herausfinden, welche Lösung richtig ist." - „Winkel in einem Dreieck nachmessen und addieren." - ...	Schüler-äußerungen	

	„Zeichnet mit einem Partner ein beliebiges Dreieck, messt die drei Winkel und addiert sie." Die Lernenden messen ihr Dreieck aus und addieren die Winkel.	Arbeits-auftrag Partnerarbeit	Arbeitsblatt, Geodreieck, Stift
10:00Uhr-10:05Uhr	**Problemstellung** Die Ergebnisse werden verglichen. LiV notiert ggf. ein paar Ergebnisse an der Tafel. Reflexion möglicher Messungenauigkeiten/ Vor- und Nachteile beim Messen als Begründung einer Aussage „Es wäre gut, wenn man eine andere Möglichkeit hat, um so eine Regel oder ein Gesetz in der Mathematik zu begründen. Ihr bekommt jetzt die Möglichkeit, dazu verschiedene Versuche durchzuführen." Arbeitsauftrag: - Versuch zu zweit durchführen - Ergebnisse in der Gruppe besprechen - Präsentation vorbereiten Offene Fragen werden geklärt.	Unterrichts-gespräch LiV-Vortrag	Tafel, Kreide
10:05Uhr-10:25Uhr 10' 10'	**Arbeitsphase:** Die Lernenden führen den Versuch zu zweit durch und dokumentieren ihre Vermutungen. Die Lernenden tauschen sich in ihrer Gruppe über ihre Entdeckungen/ Ideen aus und bereiten ihre Ergebnis-präsentation vor. Mögliche/ erwünschte Schüleraktivitäten: - Versuch durchführen - Vermutung aufschreiben - Begründung formulieren - Präsentation vorbereiten Didaktische Reserve: Durchführen eines weiteren Versuchs Möglicher Ausstieg: Zwischenreflexion	Partnerarbeit Gruppen-arbeit LiV gibt ggf. individuelle Hilfen	Arbeitsblatt, Stifte, Geodreicke, Hilfekarten
10:25Uhr-10:35Uhr	**Ergebnissicherung:** Drei Gruppen präsentieren ihre Ergebnisse und Vor-gehensweisen und erhalten eine Rückmeldung von der Lerngruppe. Mögliche Reflexionsschwerpunkte: - Schwierigkeiten - „Ist der Versuch anschaulich/überzeugend?" Schlussreflexion: - „Was haben alle Versuche gemeinsam und wo unter-scheiden sie sich?"	Schüler-vortrag/ Unterrichts-gespräch	OHP, Folien

8. Literatur- und Quellenangaben

Barzel, Bärbel/ Holzäpfel, Lars/ Leuders, Timo/ Streit, Christine: Mathematik unterrichten: Planen, durchführen, reflektieren. Berlin: Cornelsen 2012.

Barzel, Bärbel/ Büchter, Andreas/ Leuders, Timo: Mathematik Methodik. Handbuch für die Sekundarstufe I und II. Berlin: Cornelsen Scriptor 2007.

Blum, Werner/ Drüke-Noe, Christina/ Hartung, Ralph/ Köller, Olaf: Bildungsstandards Mathematik: konkret. Sekundarstufe I: Aufgabenbeispiele, Unterrichtsanregungen, Fortbildungsideen. Berlin: Cornelsen Skriptor 2006.

Bruder, Regina/ Leuders, Timo/ Büchter, Andreas: Mathematikunterricht entwickeln. Bausteine für kompetenzorientiertes Unterrichten. 2. Auflage. Berlin: Cornelsen Skriptor 2012.

Bruder, Regina/ Pinkernell, Guido: Die richtigen Argumente finden. In: Mathematik lehren. Argumentieren. Heft 168/2011. S.2-7.

Büchter, Andreas/ Leuders, Timo: Mathematikaufgaben selbst entwickeln. Lernen fördern – Leistung überprüfen. 4. Auflage. Berlin: Cornelsen Skriptor 2009.

Das große Tafelwerk. Formelsammlung für die Sekundarstufen I und II. Berlin: Cornelsen 2003.

Hessisches Kultusministerium: Bildungsstandards und Inhaltsfelder. Das neue Kerncurriculum für Hessen. Sekundarstufe I. Wiesbaden: 2011.

Hefedehl-Hebeker, Lisa/ Hußmann, Stephan: Beweisen - Argumentieren. In: Leuders, Timo (Hrsg.): Mathematik Didaktik. Praxishandbuch für die Sekundarstufe I und II. Berlin: Cornelsen 2003. S.93-106.

Holland, Gerhard: Geometrie in der Sekundarstufe. Entdecken - Konstruieren - Deduzieren. 3. Auflage. Hildesheim, Berlin: Franzbecker 2007.

Jahnke, Hans Niels: Hypothesen und ihre Konsequenzen. Ein anderer Blick auf die Winkelsummensätze. In: Praxis der Mathematik in der Schule. Heft 30/2009. S.26-30.

Krauter, Siegfried: Erlebnis Elementargeometrie. Ein Arbeitsbuch zum selbstständigen und aktiven Entdecken. München: Elsevier 2007.

Krumsdorf, Julian: Beweisen am Beispiel. Beispielgebundenes Beweisen zwischen induktivem Prüfen und formalem Beweisen. In: Praxis der Mathematik in der Schule. Heft 30/2009. S.8-11.

Mattes, Wolfgang: Methoden für den Unterricht. 75 kompakte Übersichten für Lehrende und Lernende. Paderborn: Schöningh 2002.

Meyer, Michael/ Prediger, Susanne: Warum? Argumentieren, Begründen, Beweisen. In: Praxis der Mathematik in der Schule. Heft 30/2009. S.1-7.

Meyer, Michael/ Voigt, Jörg: Beweisen durch Entdecken. In: Praxis der Mathematik in der Schule. Heft 30/2009. S. 14-20.

Müller-Philipp, Susanne/ Gorski, Hans-Joachim: Leitfaden Geometrie. Für die Studierenden der Lehrämter. 4. Auflage. Wiesbaden: Vieweg + Teubner 2009.

Paradies, Liane/ Linser, Hans Jürgen: Differenzieren im Unterricht. Berlin: Cornelsen Skriptor 2001.

Pinkernell, Guido: Warum ist das so? Aufgabenideen zum mathematischen Begründen. In: Mathematik lehren. Argumentieren. Heft 168/2011. S.8-13.

Weigand, Hans-Georg et al.: Didaktik der Geometrie für die Sekundarstufe I. Heidelberg: Spektrum Akademischer Verlag 2009.

Zech, Friedrich: Grundkurs Mathematikdidaktik. Theoretische und praktische Anleitungen für das Lehren und Lernen von Mathematik. 10.Auflage. Weinheim/Basel: Beltz Verlag 2002.

Abbildung/en:

http://www.dieter-heidorn.de/Mathematik/VS/K6_Geometrie1/K2_Dreiecke/svpb5pba.jpg
(20.04.2014)

9. Anhang

9.1 Comic

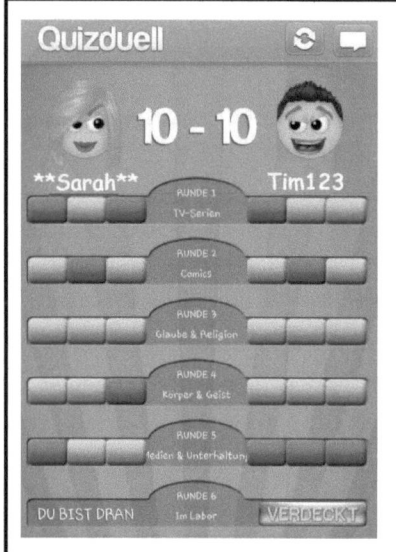

9.2 Arbeitsblätter

„Die Summe der Innenwinkel im Dreieck beträgt immer 180°."

Gruppe: Eckenabreißen

Aufgabe 1:

Jeder von euch zeichnet ein beliebiges Dreieck auf ein Blatt, schneidet es im Anschluss aus und reißt zwei der Ecken ab. Legt die beiden Ecken dann so an die dritte Ecke der Dreiecke, dass eine gerade Linie entsteht!

Partnerarbeit

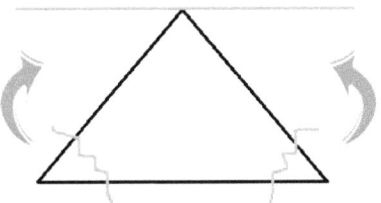

Unsere Beobachtung:

_____

_____

_____

Aufgabe 2:

Vergleicht eure Beobachtungen. Was stellt ihr fest?

Gruppenarbeit

_____

_____

_____

_____

_____

„Die Summe der Innenwinkel im Dreieck beträgt immer 180°."

Gruppe: Falten

Aufgabe 1:

Jeder von euch schneidet ein vorgegebenes Dreieck aus und faltet es
jeweils an den eingezeichneten Linien wie in der Abbildung, sodass ein
Rechteck entsteht.

Partnerarbeit

Unsere Beobachtung:

_____

_____

_____

Aufgabe 2:

Vergleicht eure Beobachtungen. Was stellt ihr fest?

Gruppenarbeit

_____

_____

_____

_____

_____

„Die Summe der Innenwinkel im Dreieck beträgt immer 180°."

Gruppe: Aneinanderlegen

Aufgabe 1:

Jeder von euch färbt bei den abgebildeten Dreiecken gleich große Winkel
in der gleichen Farbe.

Beispiel: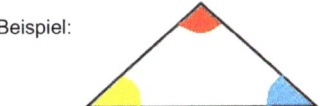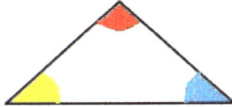

Schneidet die Dreiecke im Anschluss aus und legt die Dreiecke so zusammen, dass drei
unterschiedliche Winkel aneinander liegen!

Unsere Beobachtung:

_____

_____

_____

Aufgabe 2:

Vergleicht eure Beobachtungen. Was stellt ihr fest?

_____

_____

_____

_____

_____

Gruppe: Eckenabreißen

Jeder von euch zeichnet ein beliebiges Dreieck auf ein Blatt, schneidet es im Anschluss aus und reißt zwei der Ecken ab. Legt die beiden Ecken dann so an die dritte Ecke der Dreiecke, dass eine gerade Linie entsteht!

Unsere Beobachtung:

_____

_____

_____

_____

_____

Gruppe: Falten

Jeder von euch schneidet ein vorgegebenes Dreieck aus und faltet es jeweils an den eingezeichneten Linien wie in der Abbildung, sodass ein Rechteck entsteht.

Unsere Beobachtung:

_____

_____

_____

_____

_____

Gruppe: Aneinanderlegen

Jeder von euch färbt bei den abgebildeten Dreiecken gleich große Winkel in der gleichen Farbe. Schneidet die Dreiecke im Anschluss aus und legt die Dreiecke so zusammen, dass drei unterschiedliche Winkel aneinander liegen!

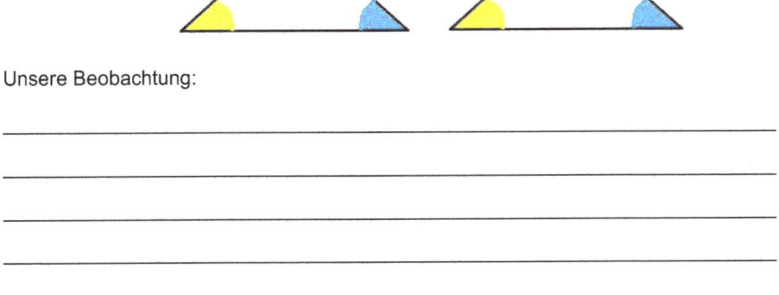

Unsere Beobachtung:

_____

_____

_____

_____

_____

9.4 Mögliche Schülerlösungen

1. Aneinanderlegen von kongruenten Dreiecken

„Wenn man gleiche Dreiecke so aneinander legt, dass drei verschiedene Winkel aneinander-liegen, entsteht ein gestreckter Winkel, der 180° beträgt. Das bedeutet, dass die drei Winkel im Dreieck zusammen auch 180° ergeben müssen! Dabei ist es egal, wie die Dreiecke aus-sehen, es geht mit ganz verschiedenen!"

1. Eckenabreißen, zusammenlegen zu gestrecktem Winkel

„Wenn man die beiden Ecken abreißt und an die dritte Ecke legt, entsteht ein gestreckter Winkel, der 180° beträgt. Daran erkennt man, dass die drei Winkel im Dreieck zusammen 180° ergeben. Das funktioniert bei ganz verschiedenen Dreiecken!"

3. Falten

„Wenn man das Dreieck faltet, liegen die drei Winkel so nebeneinander, dass ein gestreckter Winkel entsteht, dieser beträgt 180°. Daran erkennt man, dass die drei Winkel im Dreieck zusammen 180° ergeben. Das geht bei verschiedenen Dreiecken."

Verallgemeinerung:

Die Lernenden könnten ihre Ergebnisse auch verallgemeinern, indem sie folgendermaßen argumentieren: „Wir haben dies an verschiedenen Dreiecken ausprobiert und hatten jedes Mal das gleiche Ergebnis. Deshalb glauben wir, dass es immer so sein muss."

9.4 Hilfekarten

Eckenabreißen:

Tipp 1:

Versuche die Ecken so aneinander zu legen, dass die Ecken des Dreiecks direkt aneinander liegen. Die abgerissenen Seiten zeigen nach außen. (Siehe Abbildung)

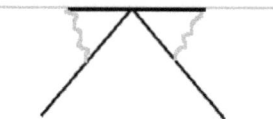

Tipp 2:

Du kennst bereits verschiedene Arten von Winkeln. Was für ein Winkel ist dieser? Wie viel Grad beträgt der Winkel?

Aneinanderlegen:

Tipp 1:

Versuche die Dreiecke wie in folgender Abbildung zusammenzulegen! So liegen drei verschiedene Winkel nebeneinander.

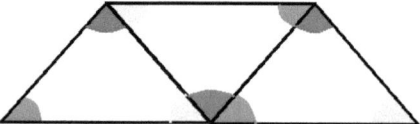

Tipp 2:

Du kennst bereits verschiedene Arten von Winkeln. Was für ein Winkel ist dieser? Wie viel Grad beträgt der Winkel?

Tipp :

Du kennst bereits verschiedene Arten von Winkeln. Was für ein Winkel dieser? Wie viel Grad beträgt der Winkel?